老汪 的小米餐桌

Wang's invitation

小米，好种好吃好营养，中华民族传统的主粮之一，吃之爱之推广之……

汪建 ◎ 主编

U0322592

🔺 海天出版社（中国·深圳）

图书在版编目(CIP)数据

老汪的小米餐桌 / 汪建主编. — 深圳 : 海天出
版社, 2016.1
ISBN 978-7-5507-1551-6

Ⅰ. ①老… Ⅱ. ①汪… Ⅲ. ①小米 – 食谱 Ⅳ.
①TS972.131

中国版本图书馆CIP数据核字(2016)第001754号

主　　编	汪　建
策　　划	龙岳华
制　　作	朱岩梅
监　　制	杨　爽　余德建
执　　行	曾鹏珍　张　慧　曾文婷　周小娟　陈恩琴　王　瑞　武英波
编　　辑	刘婉璐　张　慧　曾鹏珍　曾文婷　安　平　李　聪　廖　韵
	聂雯婷　李　睿　徐旭津　朱梓童　杨　梦　徐　萍
特邀专家	尹　烨　张耕耘
特邀监制	方　林　张海峰　黄　穗
特邀编审	梅永红　徐　讯　牟　峰　孙英俊　李友谊　蒋玮城　张秀清
执行主编	叶　葭

老汪的小米餐桌
Laowang De Xiaomi Canzhuo

出 品 人	聂雄前
责任编辑	顾童乔　张绪华
责任技编	梁立新
责任校对	陈　军

出版发行	海天出版社
地　　址	深圳市彩田南路海天综合大厦7-8楼（518033）
网　　址	http://www.htph.com.cn
订购电话	0755-83460202(批发) 83460239(邮购)
印　　刷	深圳粤丰华印务有限公司
开　　本	787mm×1092mm 1/16
印　　张	12
字　　数	60千字
版　　次	2016年1月第1版
印　　次	2016年3月第2次
定　　价	48.00元

一起攀登珠峰，一起跋涉戈壁，还没见过老汪下厨啊！

万科创始人：王石

年轻的我们，与其整天低头刷手机，
不如读读汪老师的新书。

中央电视台节目主持人：撒贝宁

人们说汪建是"基因控"，现在，他又成为了"小米控"。他说中国土地大多是干旱和半干旱地区，适合小米种植，未来希望小米加大米喂养中国人。于是，他用最接地气的方式，化身小米大厨，为大家推出营养健康的小米全餐。

凤凰卫视资讯台副台长：吴小莉

小米，好食物！谷子，好作物！

谷子育种专家：赵治海

十五年前我采访过老汪，知道他是个科学家，还是个登山者。原本以为他出书会讲科学、讲登山或者讲创新，没想到竟然是个食谱，汪老师果然是研究科学的人中最会登山的美食家。

知名主持人：郎永淳

小米，前世今生

小·米+石器
旧石器时代

有的考古学家认为，
12000年前粟（小米）
最早在中国被驯化。

小·米+青铜
夏商周时期

伴随农耕技术的发展
小米逐渐成为栽培最
广的粮食作物。

新石器时代

在内蒙古赤峰市敖汉旗发现
距今8000年的小米遗存
（碳化的粟粒、粟壳）。

江山社稷

江山社稷中的"稷"（jì）字,就是指小米。
小米是古人赖以生存和繁衍的物质基础,
它关系到经济、政治与社会的稳定。与
小米有关的成语还有许多,例如布帛菽
粟、不食周粟、仓人掌粟、粟红贯朽等。

魏晋南北朝

小米的种植达到鼎盛，它不
仅在南方稻作区得以推广种
植，甚至改变了人们的饮食
习惯。

参考文献：
[1]高强.粟与粟文化[J].华夏文化,2003(4).
[2]刘国祥.兴隆沟聚落遗址发掘收获及意义[A].见:东北文物考古论集[C].北京:科学出版社,2004.
[3]何红中.中国古代粟作研究.[D].南京：南京农业大学,2010.

12000前　　　8000年前　　　4000

小·米+铁器

兵马未动，粮草先行

成语"兵马未动，粮草先行"中的"粮"与"草"指的是小米和它的秸秆，小米不仅是重要的粮食，它的秸秆更是高价值的饲料。

粟神

由于小米的重要地位，中国很早就有粟神崇拜与祭祀的传统，而且为历代统治者所重视和推行。上至皇帝下至百姓，无不推而崇之。

诗歌

粟在古代被赋予各种精神寓意，成为诗歌创作的重要主题与题材。

原始社会

奴隶社会

小·米+步枪

新中国成立

在抗日战争和解放战争时期，我军（尤其在陕甘宁革命根据地）"自己动手、丰衣足食"，利用小米作为头等重要食物来源。毛主席曾说过我们用"小米加步枪"赢来了新中国。

封建社会

小·米+雷某

站在风口上的猪，好像也能红遍大江南北。

新中国

70年前　　　　　现今

小米，好营养

1 维生素、矿物质含量高

小米营养全面，是不需精制即可食用的谷物，因此其中的维生素及矿物质等营养元素得以保存，这些矿物质和维生素都是人体不可缺少的物质。

2 膳食纤维含量高

小米含有丰富的膳食纤维，具有抗氧化和维护肠道健康的作用。

3 含胡萝卜素

一般粮食中不含有胡萝卜素，而小米每100g含量高达0.19mg。胡萝卜素摄入人体消化器官后，可以转化成维生素A，它可改善夜盲症、皮肤粗糙等状况。

4 秸秆是个宝

小米的秸秆是禾本科作物中营养价值最高的，每千克约含16g可消化的蛋白质，相当于0.4个饲料单位。因其质地柔软，有甜味，适口性好，是北方家畜和家禽的重要饲料。

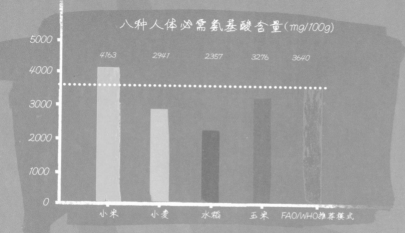

八种人体必需氨基酸含量(mg/100g)

小米	小麦	水稻	玉米	FAO/WHO推荐模式
4163	2941	2357	3276	3640

5 氨基酸含量丰富

小米的氨基酸种类齐全，含有人体必需的八种氨基酸。除赖氨酸偏低外，其余均符合联合国粮农组织（FAO）和世界卫生组织（WHO）所推荐的模式。

参考文献：
[1]卫斯.试论中国粟的起源、驯化与传播[J].古今农业,1994（2）.
[2]张云,李顺国,王慧军.谷子精神：一种基于生物基因的文化基因[J].石家庄学院学报,2014(3).

小米，好种植

适用性广

小米的自身调节能力强，它对土壤要求低，无论是在沙土、黏土、碱土，还是低洼易涝、高山陡坡的瘠薄地均能获得一定收成。

参考文献：
[1]王勇.小米的营养价值及内蒙古小米生产加工现状[D].呼和浩特:内蒙古大学,2010.
[2]王海滨,夏建新.小米的营养成分及产品研究开发进展[J].食品科技与经济,2010,35(4).
[3]王丽霞,孙海峰,赵云海,等.山西小米资源开发利用的研究——小米营养蛋白粉的制备技术[J].食品工业科技,2007,28(1).
[4]于天颖,郭东升.荞麦、燕麦、小米的营养及几种食品开发[J].杂粮作物,2005,25(1).
[5]王军锋,周显青,张玉荣.小米的营养特性与保健功能及产品开发[J].粮食加工,2012（37）.
[6]毛丽萍,李凤翔,杨玲存.小米的营养价值和深加工[J].河北省科学院学报,1997.

1 耐干旱、耐贫瘠

小米耐干旱、耐贫瘠的能力超强。它发达的根系，能从土壤深层吸收水分。由于它的叶面积小，蒸腾系数比其他作物都小，在同样干旱条件下，比小麦、玉米等作物受害都轻。即使在干旱的沙漠，也能生出一丝希望。

2 环境友好型作物

小米是典型的环境友好型作物，它对土壤肥力要求低，具备自我加肥的性能，常作为开荒或治理沙漠的先锋作物。

4 水分利用率高

小米是C4植物，净光合速率高，在高温、干旱和光照强烈的环境里可通过关闭气孔、减少蒸腾水分，从而提高水分的利用率。

PART

01

粥

小米最经典
的吃法

PART

04

菜

原来小米
也是一道菜

粥， 小米最经典的吃法

慢火焖煮，水米相融，香味浓郁。
上升、沉淀，人生时光悠长而起伏。

老汪@小秘密

小时候，家里条件优越，无忧无虑，小伙伴们嬉闹，兄弟姐妹相伴，
阿姨们的悉心照料和父母的无限关爱，一切都恰到好处。
如今年逾九十的老母亲已经离世，老革命出身的她，生前从不下厨，
但总喜欢给儿孙们招呼一些好吃的。

小米粥

百吃不腻的经典

小米最经典的做法，百吃不腻。虽然是最简单的做法，做起来也有很多窍门哦！

材料　主：小米100g
辅：水800ml

做法　**1.** 小米洗净备用；
2. 将水煮沸后加入小米；
3. 再次煮沸后转小火，煮约35分钟，粥水黏稠即可。

【你知道吗？】

即使是做最传统、最简单的小米粥，也有一些小窍门哦！

1. 热水下锅：通常大家煮粥习惯冷水下锅，但其实热水下锅更不容易糊底。
2. 防止沸锅：熬粥的时候，为避免粥在熬的过程中溢出来，可以把一个大一点的不锈钢勺子放在锅沿。
3. 搅拌：转小火后可以隔几分钟搅拌一次，更利于粥汤黏稠。
4. 加几滴油：在粥快要出锅的时候加几滴油，会使小米粥更加香润。

状元及第小米粥

传统粥的改版

传统的状元及第粥，把大米换成小米，既美味又营养哦！

材料
主：小米150g、猪肝80g、猪瘦肉80g、猪肉丸80g
辅：水1200ml，生姜、葱、料酒、胡椒粉、盐、白糖适量

做法
1. 小米洗净备用；
2. 生姜洗净切丝，葱洗净切末；
3. 猪肝、猪瘦肉洗净，切小块，加入生姜丝、盐、白糖、料酒略腌；
4. 将水煮沸后，加入小米；
5. 再次煮沸，转小火煮约30分钟；
6. 转大火，将猪肝、猪瘦肉、猪肉丸放入小米粥内，再滚煮约3分钟；
7. 根据个人喜好加入适量的盐、胡椒粉进行调味；
8. 撒上葱末，味道醇厚的状元及第小米粥就出锅啦！

大枣红豆小米粥

大枣总是放到最后吃

大枣和红豆，淡淡的甜香，总是舍不得，要把大枣放到最后吃。

材料
主：小米80g、红豆20g、大枣若干
辅：水800ml，红糖适量

做法
1. 小米、红豆、大枣洗净；
2. 大枣用清水浸泡10分钟备用；
3. 将水煮沸后，加入小米、红豆、大枣；
4. 再次煮沸，转小火煮40分钟；
5. 撒入红糖，搅拌均匀即可。

小贴士：小米，天然保健品
小米含有丰富的维生素B_1，能强化神经，稳定情绪，强健心脏功能，是天然的保健品。

鱼片小米粥

鱼米不分家

小米粥味清淡，包覆住鲩鱼的鲜甜，多么自然的搭配。

材料　主：小米100g、新鲜鲩鱼肉100g
　　　　辅：水800ml，生姜、葱、盐、料酒、胡椒粉适量

做法　1. 葱洗净切末；

　　　　2. 姜去皮洗净后切丝；

　　　　3. 鲩鱼去骨切片，加入生姜丝、盐、胡椒粉、料酒略腌；

　　　　4. 小米洗净放入锅中备用，将水煮沸后加入锅中；

　　　　5. 再次煮沸后，转小火煮约30分钟；

　　　　6. 转大火，放入腌制后的鱼片，滚煮约3分钟；

　　　　7. 撒入葱花、盐调味即可，也可根据个人口味适量添加胡椒粉。

1

2

3

4

5

6

皮蛋瘦肉小米粥

越平常越有味道

皮蛋Q弹，瘦肉嫩滑，香浓软滑，饱腹暖心。

材料

主：小米150g、猪肉100g、皮蛋2个

辅：水1200ml，姜、盐、葱、胡椒粉适量

做法

1. 小米洗净备用；
2. 姜去皮洗净后切成细丝，香葱洗净切末，备用；
3. 皮蛋切成块备用；
4. 猪肉切片，放入碗中，加入适量盐、姜丝，搅匀后腌制20分钟，备用；
5. 将水煮沸后，加入小米；
6. 再次煮沸后，转小火煮30分钟；
7. 将腌制好的肉片加入锅中大火滚煮2分钟，再加入皮蛋滚煮3分钟；
8. 根据个人口味撒入适量的盐、香葱、胡椒粉，搅拌均匀，即可出锅。

【你知道吗？】

你会切皮蛋吗？皮蛋一切就碎，刀面上也会粘蛋黄，是不是很麻烦？

切皮蛋之小窍门之一：用细丝线来切割皮蛋；

切皮蛋之小窍门之二：用热水把刀烫一下再切皮蛋，刀就没那么容易粘上蛋黄了哦！

葵花子海苔小米粥

意想不到的好味道

想不到增加了葵花子和海苔的小米粥，既增加了营养也丰富了口感，有惊喜。

材料　　主：小米100g、葵花子仁适量、海苔适量
　　　　　　辅：水800ml

做法

1. 小米洗净，如果没有现成的葵花子仁，就要手剥一些葵花子仁备用哦；
2. 将水煮沸后，加入小米；
3. 再次煮沸，转小火煮35分钟；
4. 粥底煮好后，可根据个人喜好，撒入适量葵花子仁和海苔，稍作搅拌，即可食用。

【你知道吗？】

1. 海苔：海苔含有丰富的矿物质元素以及维生素，营养价值高，有助于增强免疫力。
2. 葵花子：葵花子含大量不饱和脂肪，且不含胆固醇；其亚油酸含量高达70%，有助于降低人体血液的胆固醇水平，有益于保护心血管健康。

小贴士：小米+胡萝卜

小米维生素A的直接含量不高，但是它和胡萝卜一样，两者都含有类胡萝卜素，可以转化为维生素A，这也是公认的最为安全的补充维生素A的方法。有助于保健眼睛，保护视力。

胡萝卜鸡蛋小米粥

最简单的食材也可以有滋有味

食材本身的营养让这道粥品加分不少，加上好看的色泽搭配，在粥品中能拿个不低的分数。

材料　主：小米80g、鸡蛋2个、胡萝卜1节
　　　　辅：水650ml，食用油、盐适量、鸡粉少许

做法

1. 小米洗净；
2. 胡萝卜洗净切丝备用；
3. 锅中倒入食用油，放入胡萝卜丝翻炒至熟，装盘备用；
4. 将水煮沸后，加入小米，水再次煮沸后转小火煮约30分钟；
5. 将鸡蛋打入小米粥，搅拌均匀；
6. 倒入炒好的胡萝卜丝，加鸡粉、盐拌匀，焖煮1～2分钟即可。

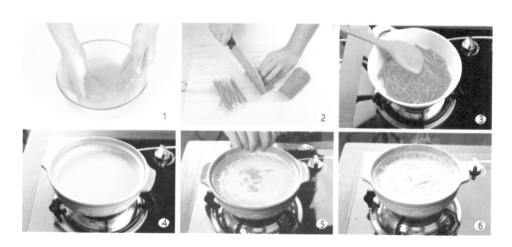

花样水果小米粥

让浓郁的果香味在翻滚中飘起来

任性地搭配，可以喜欢什么水果就加什么水果，也可以手边有什么水果就加什么水果，香甜微酸的口感颠覆了味蕾。

材料
主：小米100g、苹果半个、奇异果1个、石榴半个、芒果半个
辅：水800ml，白糖适量

做法
1. 小米洗净备用；
2. 将水煮沸后，加入小米；
3. 水再次煮沸后，转小火；
4. 苹果、奇异果、芒果切丁，石榴取肉备用；
5. 小米粥小火煮约30分钟后，加入苹果、奇异果、芒果、石榴；
6. 中火煮约5分钟后，关火即可。根据个人口味添加糖，怕胖的就少加些哦！

虾仁奶白菜小米粥

吃出海鲜的本性

早餐来点鲜美的粥，有海鲜有蔬菜有碳水化合物，真的是很美好的享受。

材料　主：小米50g、鲜虾若干、奶白菜100g
辅：水400ml，盐、姜、白胡椒粉、料酒适量

做法
1. 小米洗净；
2. 奶白菜洗净，切碎；
3. 鲜虾洗净，去壳取虾仁（如果选用的是较大的虾，建议进行开背去虾线处理，口感更佳），加入料酒、姜丝、白胡椒粉抓匀；
4. 将水煮沸后，加入小米，再次煮沸后，转小火煮30分钟；
5. 将腌制好的虾仁放入粥底；
6. 虾仁煮3~4分钟后，放入切碎的奶白菜，再煮1分钟左右；
7. 蔬菜煮烂，加盐略调味即可。

土豆小米粥

低调拍档

相当低调的组合，没想到吃起来味道也不错哦。

材料　主：小米50g、土豆1个
　　　　辅：水400ml

做法
1. 小米洗净备用；
2. 将水煮沸后，加入小米，水再次煮沸后，转小火；
3. 土豆去皮洗净，切丁备用；
4. 小米粥煮约20分钟后，转大火，加入土豆丁；
5. 再次煮沸后，煮约15分钟后即可。

　　（当然，如果想将土豆煮得更绵软，可以再煮久一些。此粥也可以作为宝宝的辅食。）

【你知道吗？】
如果想吃到更香的土豆小米粥，不妨将土豆提前切块，用油炸至金黄色，再放入小米粥底，也别有一番滋味呢！

红薯小米粥

配个小菜刚刚好

浓浓的汁液上一层粥膜，贴着碗边抿上一口，天然的香味在口中弥散，这个时候再来口小菜正好。

材料

主：小米80g、红薯200g
辅：水800ml

做法

1. 小米洗净；
2. 红薯去皮洗净，切块；
3. 将水煮沸后，加入小米、红薯；
4. 水再次煮沸后，转小火煮约40分钟；
5. 已经很香甜了，不建议加糖哦！

【你知道吗?】

1. 红薯：随着生活条件的提高，大家平常会吃到很多油腻、高脂的食物。然而红薯小米粥营养丰富之余，还十分易消化，能够帮助清理肠胃哦！
2. 特地把红薯和小米一起下锅，等到起锅的时候红薯已经几乎融在粥水里面了，如果喜欢吃硬一点的口味，也可以晚一些再加红薯哦。

苹果枸杞红糖小米粥

苹果是粥里的提味品

平时都是把苹果生吃或榨汁，切块煮粥也有意外的惊喜哦！

材料　　主：小米50g、苹果半个
　　　　　　辅：水400ml，红糖、枸杞适量

做法
1. 小米洗净；
2. 苹果去皮切成块；
3. 将水煮沸后，加入小米、苹果；
4. 水再次煮沸后，转小火煮30分钟；
5. 加入适量枸杞和红糖；
6. 继续小火煮5分钟即可。

小贴士 ：小米，成长的动力
小米富含的锌，能促食欲，增强免疫力，促进生长发育，
是健康成长不可缺少的元素。

绿豆小米粥

夏天必备良品

在炎炎夏日里，总爱喝上一碗。

材料
主：小米100g、绿豆50g、薏米50g
辅：水1200ml，白糖少许

做法
1. 小米、绿豆、薏米洗净；
2. 将水煮沸后，加入小米、绿豆、薏米；
3. 再次煮沸后，转小火煮1小时；
4. 最后放少许白糖，搅拌均匀即可。

板栗小米粥

糯口的板栗，百吃不厌

吃的时候稍稍搅动两下，板栗就化得碎碎的没了踪影，
剥板栗肉的辛苦瞬间就被这绵软的口感给带走了。

材料　主：小米50g、板栗200g
辅：水500ml

做法　1. 小米洗净备用；

2. 板栗去壳去膜洗净；

3. 将水煮沸后，加入小米，转小火煮20分钟；

4. 加入板栗肉，再次煮沸后，转小火再煮20分钟；

5. 待板栗煮软后即可食用。

【你知道吗？】

剥板栗：如果想轻松剥板栗，不妨用水煮2分钟后再剥皮取肉，会容易一些哦！

虫草花排骨小米粥

真材实料的美味

端上一碗热气腾腾的粥，喝掉一口，真材实料全在碗底显现。吃得干干净净，才对得起这么实在的食物。

材料
主：小米100g、虫草花150g、排骨200g
辅：水、葱、姜丝、盐适量

做法

1. 小米洗净备用；

2. 排骨洗净切段；

3. 将水煮沸，倒入排骨，滚煮去血水；

4. 虫草花洗净；

5. 将1000ml水煮沸后，加入小米、排骨、虫草花；

6. 水再次煮沸后，转小火煮约40分钟；

7. 待粥煲好，根据个人口味加入姜丝、葱花，放入适量盐调味即可。

【你知道吗？】
虫草花含有丰富的蛋白质和氨基酸，而且含有30多种人体所需的微量元素，搭配小米一同食用，是标准的营养食品哦！

桂圆莲子小米粥

粥中传统的组合

　　煮粥最常见的搭配，香糯的粥里尝得到桂圆的清甜，
也能吃到莲子的绵软。

材料
主：小米100g、桂圆干50g、莲子100g
辅：水800ml

做法
1. 小米洗净；
2. 莲子洗净，用水浸泡30分钟；
3. 桂圆干去壳去核，取肉备用；
4. 将水煮沸后，加入小米、莲子，再次煮沸后，转小火；
5. 煮约25分钟后加桂圆干肉，再煮10分钟左右。在出锅前撒一把
   桂圆肉也不错哦！

小贴士 ：小米，美容驻颜神器

小米中的维生素E，有助软化血管、抗氧化及清除代谢垃圾，减少色斑、色素沉着及皱纹。

山药小米粥

入口即化的养生粥品

有了土豆与小米混搭的好经验，也拿来山药大胆地尝试，一定要把山药炖到几乎快化掉的程度才是最好吃的。

材料
主：小米100g、山药200g、红枣若干
辅：水1000ml

做法
1. 小米洗净备用；
2. 红枣洗净，用水浸泡10分钟；
3. 山药洗净，去皮，切片；
4. 将水煮沸后，加入小米、红枣，煮20分钟；
5. 水再次煮沸后，加入山药；
6. 煮沸后，转小火煮15分钟，即可享用！

紫薯南瓜小米粥

食材本身的香甜

软糯中含有丰富的膳食纤维，好吃得根本停不下来！

材料　主：小米100g、紫薯150g、南瓜150g
辅：水1000ml

做法

1. 小米洗净；

2. 紫薯、南瓜洗净切块备用；

3. 将水煮沸后，加入小米，水再次煮沸转小火煮10分钟；

4. 加入紫薯、南瓜，再煮30分钟；

5. 待紫薯、南瓜软后，就可以开吃啦！

香菇芹菜小米粥

香菇芹菜各有所爱

两样味道强烈的食材，这是一款爱之则巨爱，恨之则巨恨的搭配。

材料
主：小米50g、香菇若干、芹菜适量
辅：水400ml，盐、枸杞适量

做法

1. 小米洗净；

2. 香菇洗净，清水浸泡10分钟，切丝备用；

3. 芹菜洗净，切丁备用；

4. 将水煮沸后，加入小米，水再次煮沸后，转小火；

5. 小米粥煮约30分钟后，放入香菇丝，再煮5分钟；

6. 出锅前再加入芹菜、枸杞和适量的盐搅拌均匀，就大功告成了！

【你知道吗？】

芹菜：芹菜不仅营养丰富，而且是著名的降血压食品。降血压、降血压、降血压！重要的事情说三遍！

红糖鸡蛋小米粥

有一种吃醪糟的错觉

不知道为什么，在这款粥里吃出了醪糟的味道。也许是心理作用……

材料
主：小米80g、鸡蛋1个
辅：水650ml，红糖适量

做法
1. 小米洗净；
2. 水将煮沸之前，将鸡蛋打入，转小火，煮熟后捞起备用；
3. 将水煮沸后，加入小米，再次煮沸后转小火煮30分钟；
4. 将水煮荷包蛋加入粥里；
5. 加入适量红糖搅拌均匀，煮5分钟即可食用。

【你知道吗？】

水煮荷包蛋：看似简单，但是要做好也不是那么容易的，如果水开了之后再放鸡蛋，放下去蛋清就会飞散，满锅的白沫。
必须在水热而不沸的时候，把鸡蛋打入锅里，然后小火慢慢煮，这样做出的蛋才不会散掉哦！

松子核桃小米粥

能够吃出美丽的粥品

坚果与小米搭配，带来一次柔中带刚的混搭体验。

材料
主：小米80g、松子50g、核桃80g
辅：水650ml

做法
1. 小米洗净；
2. 核桃去壳取仁；
3. 松子去壳取仁；
4. 将水煮沸后，加入小米、核桃，水再次煮沸后转小火煮35分钟；
5. 撒上松子仁就可以享用了。

【你知道吗?】

核桃和松仁都是女性经典的的美颜食品，它们富含维生素E和锌，能滋润皮肤、延缓皮肤衰老。此外，它们的蛋白质、矿物质、B族维生素含量也十分丰富，是美容佳品。原来美丽就是那么简单!

银耳小米粥

女生之大爱

粥的口感清淡，在尝尽其他菜品个中滋味时，慢慢吃才能品出其淡淡的清香，也不掩盖其他食物的味道。

材料
主：小米50g、银耳半朵、桂圆若干
辅：水500ml，枸杞适量

做法
1. 小米洗净备用；
2. 银耳洗净，清水浸泡10分钟；
3. 切去银耳根部，切碎备用；
4. 将水煮沸后，加入小米、银耳、桂圆，再次煮沸后转小火煮35分钟；
5. 煮到粥水黏稠，银耳软烂即可，也可撒上枸杞等搭配。

小贴士：小米，睡眠调节剂

小米中有令其他谷类羡慕的色氨酸，其含量为谷类之首，色氨酸有调节睡眠的作用。

滑鸡小米粥

出乎意料的鲜嫩

滑鸡的特点是肉质鲜嫩，没有想到少少的鸡肉就让整碗粥充满着鸡汤鲜味。

材料

主：小米80g、新鲜鸡肉120g
辅：水650ml，盐、葱、姜、香菇、胡椒粉适量

做法

1. 小米洗净；

2. 香菇洗净，冷水浸泡10分钟；

3. 葱洗净切末备用；

4. 新鲜鸡肉切块，加入盐、姜腌制10分钟；

5. 将泡好的香菇切丝，倒入腌制的鸡肉中，加胡椒粉搅匀，继续腌制10分钟；

6. 将水煮沸后，加入小米，煮沸后转小火煮30分钟；

7. 加入腌制好的香菇鸡块，煮约5分钟；

8. 加盐、胡椒粉、葱搅拌均匀即可。

【你知道吗？】

不一定要用整只鸡，如果为了方便，也可以买优质的鸡腿，去骨，用鸡腿肉来做滑鸡粥也很不错哦！

老汪@小秘密

1966年的记忆充满灰色。某天，父母突然被抓走，家里被一群戴红袖章的人翻了个底朝天，我的世界也随之颠覆。从未忧虑过三餐的我，要照顾弟弟妹妹。犹记得第一次下厨，第一顿饭，焦糊的米粒，浓浓的煳味儿，至今萦绕在心头。

糊， 20分钟的千变万化

豆浆机里的翻腾交融，20分钟之后，便是风味各异的浓稠米糊。
人生总有这意料不到的千变万化。

小米糊

一碗小米糊，滋养了味蕾，温润了时光

简单方便的快捷做法，味道纯正又简单，可以天天吃的好东西。

材料　主：小米80g

做法

1. 小米洗净；
2. 将小米倒入豆浆机，加800ml水；
3. 盖盖，选择"米糊"功能，开始制作；
4. 程序停止后即可。

小贴士：小米，肠道清洁工
小米中的膳食纤维非常丰富，为大米的4倍。有助排泄，
快捷打扫肠道，倍感轻松。

大枣桂圆小米糊

喝过之后口留余香

大枣与桂圆特有的味道，在米糊中得到充分地释放，整个厨房里弥漫着淡淡的香甜，喝下肚里，口中留有余香。

材料　主：小米80g、大枣8个、桂圆10个

做法

1. 小米洗净；
2. 桂圆去皮，去核；
3. 大枣洗净，去核；
4. 将大枣肉、桂圆肉和小米一起放入豆浆机中；
5. 倒入清水至刻度线1000ml；
6. 盖盖，选择"米糊"功能，开始制作；
7. 程序停止后即可。

小贴士：小米，防止口角生疮

小米是不需精制即可食用的谷物，故保留了较多含量的维生素和无机盐，尤其是B族维生素含量丰富，能防止口角生疮。

54

花生小米糊

花生去壳不去皮

特地保留了花生的红衣，既营养又特别。吃起来也不影响米糊的口感。

材料　主：小米50g、花生50g
　　　　辅：白糖适量

做法
1. 小米洗净；
2. 花生去壳取仁；
3. 将小米、花生倒入豆浆机，加800ml水；
4. 盖盖，选择"米糊"功能，开始制作；
5. 程序停止后，根据个人口味加入白糖调味即可。

杂豆双米糊

素食界的乳汁

忙碌的一天过后喝上一碗，为不堪重负的肠胃做个SPA。

材料　主：小米30g、大米30g、黄豆30g 、黑豆30g 、红豆30g
　　　　辅：白糖适量

做法　1. 大米、小米、黄豆、黑豆、红豆洗净；

　　　　2. 将米和豆子倒入豆浆机；

　　　　3. 倒入清水至刻度线1200ml；

　　　　4. 盖盖，选择"米糊"功能，开始制作；

　　　　5. 程序停止后倒入碗中，根据口味加入白糖，就可以享用了。

南瓜小米糊

拯救小脆弱的肠胃

黄澄澄的色泽之下，飘散着浓郁的香味，看着就忍不住想喝下。

材料 主：小米40g、大米20g、南瓜60g

做法
1. 小米、大米洗净；
2. 南瓜洗净，切块；
3. 将小米、大米、南瓜倒入豆浆机；
4. 加900ml水；
5. 盖盖，选择"米糊"功能，开始制作；
6. 程序停止后即可。

山药红枣小米糊

山药是主角

看不到山药半点影子，而山药的味道全部融在浓浓的糊中啦。

材料

主：小米40g、薏米30g、红枣8个、山药60g
辅：白糖适量

做法

1. 小米、薏米洗净；
2. 红枣洗净，去核；
3. 山药去皮，切片；
4. 将小米、红枣、山药、薏米倒入豆浆机；
5. 倒入清水至刻度线1000ml；
6. 盖盖，选择"米糊"功能，开始制作；
7. 程序停止后倒入碗中，根据口味加入白糖，就可以享用了。

黑米小米糊

不能以貌取"糊"，吃着可香了

黑米搭配小米看起来浓重，实则是清淡的搭配。

材料 主：小米30g、大米30g、黑米30g

做法
1. 把小米、黑米、大米洗净；
2. 将小米、黑米、大米倒入豆浆机；
3. 倒入清水至刻度线1100ml；
4. 盖盖，选择"米糊"功能，开始制作；
5. 程序停止后即可。

双红银耳小米糊

女性青睐的食物

好味道赢得女性的关注。但食物天然的营养，才是它吸引女性的独特魅力。

材料　主：小米30g、红豆30g、花生30g、银耳15g

做法
1. 小米、红豆洗净；
2. 花生去壳，取仁；
3. 银耳洗净，清水浸泡10分钟；
4. 将所有材料倒入豆浆机，倒入清水至刻度线1200ml；
5. 盖盖，选择"米糊"功能，开始制作；
6. 程序停止后即可。

【你知道吗？】
如果需要加冰糖，冰糖一定要等喝的时候再放哦！如果放到豆浆机里一同搅拌，可能会煳锅呢！

紫薯小米糊

餐桌上的一道景致

紫色的米糊，用来装饰餐桌，也是一道不错的景致。

材料　主：小米50g、紫薯100g
　　　　辅：白糖适量

做法

1. 小米洗净；
2. 紫薯去皮切丁；
3. 将小米、紫薯倒入豆浆机；
4. 倒入清水至刻度线1000ml；
5. 盖盖，选择"米糊"功能，开始制作；
6. 程序停止后，根据口味加入白糖即可。

芝麻小米糊

喝不腻的浓香

最家常的食物，做法简单，味道却是香浓可口，喝了很长时间也喝不腻。

材料
主：小米60g、黑芝麻20g
辅：白糖适量

做法
1. 小米、黑芝麻洗净；
2. 将小米、黑芝麻倒入豆浆机；
3. 倒入清水至刻度线900ml；
4. 盖盖，选择"米糊"功能，开始制作；
5. 程序停止后倒入碗中，根据口味加入白糖，就可以享用了。

玉米小米糊

零基础厨艺人的选择

没有任何的厨艺基础，选择做玉米小米糊是不会错的，营养和感官都能满足你。

材料　主：小米40g、玉米粒80g
　　　辅：白糖适量

做法
1. 小米洗净；
2. 玉米粒洗净备用；
3. 将小米、玉米粒倒入豆浆机，加800ml水；
4. 盖盖，选择"米糊"功能，开始制作；
5. 程序停止后，根据口味加入白糖即可。

红豆燕麦小米糊

喝起来有层次感

红豆VS燕麦，让每口下肚的米糊都有了特殊的层次感。

材料 主：小米40g、红豆30g 、燕麦片30g、红枣10个

做法
1. 小米、红豆、燕麦片洗净；
2. 红枣洗净，去核，清水浸泡30分钟；
3. 将所有材料倒入豆浆机，倒入清水至刻度线1200ml；
4. 盖盖，选择"米糊"功能，开始制作；
5. 程序停止后即可。

【你知道吗？】
燕麦：燕麦含有丰富的膳食纤维，尤其是水溶性膳食纤维，有利于控制三高哦！

太极菠菜小米糊

时蔬混搭也有范儿，中西合璧

蔬菜糊的部分参考了西餐的做法，搭配了小米糊，吃的时候可根据自己的口味调配，特地用了太极造型，算是中西合璧吧。

材料 主：小米50g、菠菜60g

做法

1. 小米洗净；
2. 将小米倒入豆浆机，加500ml水；
3. 盖盖，选择"米糊"功能，开始制作；
4. 程序停止后即可；
5. 菠菜洗净，切段；
6. 将菠菜倒入豆浆机，加400ml水；
7. 盖盖，选择"果汁"功能，开始制作；
8. 程序停止后即可；
9. 把小米糊和菠菜汁倒入太极形状的碗中，或吃的时候根据自己的喜好，把它们混匀在一起吃。

薏米牛奶小米糊

青草般的牛奶香味

青草般的牛奶香味，悠悠地渗透在整碗米糊当中。

材料 主：小米40g、薏米40g、牛奶250ml

做法
1. 小米、薏米洗净；
2. 将小米、薏米倒入豆浆机，加400ml水；
3. 将牛奶倒进豆浆机中；
4. 盖盖，选择"米糊"功能，开始制作；
5. 程序停止后即可。

小贴士：小米，改善高血压
小米含钾高含钠低，它的钾钠比为66:1，经常吃些小米，
对高血压患者有益。

核桃燕麦小米糊

喝不出核桃的油腻才是王道

喝着有核桃醇香的味道，还有燕麦的一点点香滑。哎哟，不错哦！

材料 主：小米60g、燕麦20g、核桃40g

做法
1. 小米、燕麦洗净；
2. 核桃去壳，取仁；
3. 将核桃仁、燕麦、小米倒入豆浆机，倒入清水至刻度线1100ml；
4. 盖盖，选择"米糊"功能，开始制作；
5. 程序停止后即可。

小贴士：小米+黑芝麻+核桃
小米跟黑芝麻、核桃都是很好的搭配，富含钙、铁、磷等矿物质元素，
有益儿童大脑发育。

西红柿小米糊

可以当果汁喝

西红柿的加入，让米糊反而更像番茄果汁。

材料
主：小米50g、薏米30g、西红柿1个
辅：白糖适量

做法
1. 小米、薏米洗净；
2. 西红柿洗净，切小块；
3. 将所有材料倒入豆浆机中；
4. 加水至刻度线1200ml；
5. 盖盖，选择"米糊"功能，开始制作；
6. 程序停止后，根据个人口味加入白糖搅拌即可。

红枣香糯小米糊

多了一点柔软口感

味道上红枣更胜一筹，糯米使口感多了一点柔软。

材料　主：小米50g、糯米30g、红枣4粒
辅：红糖适量

做法
1. 小米、糯米洗净；
2. 红枣去核；
3. 将所有材料倒入豆浆机中；
4. 加900ml水；
5. 盖盖，选择"米糊"功能，开始制作；
6. 程序停止后，根据个人口味加入红糖搅拌即可。

1

2

3

4

5

6

绿豆小米糊

绿豆小米看对眼

与绿豆小米粥相同的食材，不同的制作方法，带来不同的口感。

材料 主：小米40g、绿豆40g

做法
1. 小米、绿豆洗净；
2. 将小米、绿豆倒入豆浆机中；
3. 加800ml水；
4. 盖盖，选择"米糊"功能，开始制作；
5. 程序停止后即可。

小贴士 ：小米+绿豆

绿豆富含赖氨酸，跟小米搭配在一起，更好地提高了氨基酸的均衡性和全面性。

面点，千锤百炼的甜蜜

研磨、蒸、煮、烙、烤，十八般手艺集一身，
生活质感靠双手打造。

老汪@小秘密

已过耳顺，对饮食粗枝大叶，各种简单易做的菜是我的最爱。
比如一锅乱炖，是我最常用的"伎俩"，一切随心，自然就好。

小米云吞

小米是点睛之笔

把小米和肉馅和在一起，包在云吞皮里，一下子吃不出来很明显的小米味道，感觉肉馅没有那么油腻了。

材料
主：小米50g、肉末100g、云吞皮适量
辅：鸡蛋1个，水、盐、鸡粉适量

做法

1. 小米洗净，倒入锅中，加适量水，大火将水烧开后，转小火煮20分钟；

2. 将煮熟的小米捞出，加盐、鸡粉、肉末，再加入一个鸡蛋，往一个方向搅拌均匀；

3. 包云吞（包云吞各式手法都可以，个人偏爱馅料多的模式，只要保证不会露馅就好）；

4. 水煮开，将云吞放入后，搅拌一下；

5. 大约煮3~5分钟，煮至云吞上浮，云吞皮呈透明状即可食用。

【你知道吗？】

1. 可以根据个人口味加入虾皮、香油，甚至生菜、油菜、辣椒等，就看个人喜好了！

2. 现包的云吞下锅，只需煮5分钟左右，云吞浮起即可；若冷冻后再煮，需要加两次凉水哦！

小米蛋黄粽

谁说端午节才吃粽

为了让它的滋味不那么单纯，加了几乎人人爱吃的咸蛋黄，抵挡不住的好吃！

材料　主：小米500g、糯米200g、熟的咸蛋黄若干
　　　　辅：粽叶、麻绳

做法

1. 小米洗净；

2. 糯米、粽叶洗净，粽叶用清水浸泡3小时；

3. 将小米和糯米倒入碗中充分搅拌均匀；

4. 粽叶取两片，卷成角，先加入适量混合米，再放入咸蛋黄一枚，
   继续加入适量混合米盖住咸蛋黄；

5. 粽叶卷下包紧，包成粽子形，用麻绳扎紧；

6. 把粽子放入锅中，加水，大火烧开后，转小火煮3个小时。

【你知道吗？】

如果想包出来的粽子更加饱满，也可以选择将粽子包好后再浸泡。浸泡过的小米会膨胀得更加饱满紧实哦！

材料　主：小米面150g、面粉250g、水170ml、鸡蛋4个、韭菜200g
　　　　辅：盐、食用油适量

做法

1. 准备好小米面、面粉、鸡蛋、韭菜；
2. 面盆中加入面粉、小米面，倒入冷水搅拌和成面团，用毛巾盖住醒15分钟；
3. 韭菜择洗干净，沥干水分后切碎；
4. 锅中加入食用油，烧至七成热，将鸡蛋倒入油锅中炒熟备用；
5. 将炒熟的鸡蛋、生韭菜倒入碗中，加入盐调味，搅拌均匀成馅料备用；
6. 将醒好的面团放在面板上用力揉成条状；
7. 用刀切成均匀的小面团（约35g，可根据个人喜好微调），并撒上面粉待用；
8. 用擀面杖把面团擀制成面皮，将调味好的馅料放入其中，包成月牙状；
9. 平底锅倒入食用油，烧至七成热，放入包好的韭菜盒子，中火煎至金黄色即可。

小米韭菜盒子

对于不习惯韭菜味的人来说，这就是"黑暗料理"。爱它的人，你懂的。

小米豆沙包

餐桌上的精选主食

淡淡的小米味道包裹上豆沙，好吃！吃太多豆沙就不好减肥喽！

材料
主：小米面120g、面粉300g、水180ml
辅：红豆沙200g、酵母3g

做法
1. 准备好小米面、面粉、酵母、红豆沙；
2. 面盆中加入面粉、小米面、酵母，倒入水搅拌和成面团，面盆盖上保鲜膜进行发酵30分钟；
3. 发酵后取出面团轻轻揉匀，排气，并揉成条状；
4. 用刀切成均匀的小面团（约10g，可依据个人喜好微调），并撒上面粉待用；
5. 将面团揉成帽状，把红豆沙放入帽中，包成包子状，反扣盘中，盖上保鲜膜二次发酵30分钟；
6. 蒸锅烧开水上汽后，放入包好的豆沙包，蒸20分钟即可。

【你知道吗？】
把豆沙放到面团里，不用捏紧，直接倒扣过来，居家的简易做法，也不错哦！

小米牛肉蒸饺

没有蘸料也好吃

小米面面粉的饺皮，有小米特有的清香，加上牛肉的馅料，即使没有蘸料，也能吃得干干净净。

材料
主：小米面150g、高筋面粉250g 、水170ml、牛肉200g
辅：大葱、鸡粉、盐、胡椒粉适量

做法

1. 面盆中加入高筋面粉、小米面，倒入冷水搅拌和成面团，用毛巾盖住醒15分钟；

2. 牛肉和大葱打成泥，加入鸡粉、盐、胡椒粉腌制10分钟；

3. 将醒好的面团放在面板上用力揉成条状；

4. 用刀切成均匀的小面团（约6g，可依据个人喜好微调），并撒上面粉待用；

5. 用擀面杖把面团擀制成面皮；

6. 将腌制好的牛肉馅放入面皮中间，包成饺子形状；

7. 蒸锅烧开水上汽后，放入包好的牛肉饺子，蒸20分钟即可。

【你知道吗？】

喜欢"吃醋"的朋友们，可以自己试一下制作饺子醋：将大蒜压泥，和香醋、生抽一起搅拌就可以了！

材料 主：小米面150g、面粉250g、水170ml
辅：葱花适量

做法
1. 准备好小米面、面粉、葱花；
2. 在面盆中倒入面粉、小米面，加水和成面团，用毛巾盖住醒15分钟；
3. 将醒好的面团放在面板上用力揉成条状；
4. 用刀切成均匀的小面团（约90g，可根据个人喜好微调），并撒上面粉待用；
5. 用擀面杖擀成圆形后撒入葱花，卷起来，双手往中间旋转挤压，再擀成圆形；
6. 平底锅倒入食用油，烧至七成热，放入葱油饼，中火煎至金黄色即可。

小米葱油饼

葱花在热油里走一遭，香味融进小米饼中，饼皮的焦黄恰到好处。

小米馒头

趁热吃才好吃哦

笼屉热气腾腾之时，吹着风，将烫手的小米馒头掰开，咬上一口，酵母的香味和小米的香味分不开了。

材料
主：小米面120g、面粉300g、水180ml
辅：酵母3g

做法
1. 准备好小米面、面粉；
2. 面盆中加入面粉、小米面、酵母，倒入水搅拌和成面团，和面盆盖上保鲜膜进行发酵30分钟；
3. 发酵后取出面团轻轻揉匀，排气，并揉成条状；
4. 用刀切成均匀的小面团（约6g，可依据个人喜好微调），制作成馒头状，盖上保鲜膜进行二次发酵30分钟；
5. 蒸锅烧开水上汽后，放入发酵好的馒头，蒸20分钟即可。

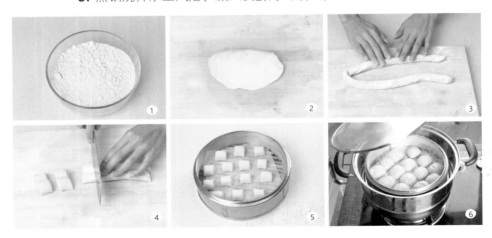

【你知道吗？】

关于发酵：
1. 家常做发面食品的时候往往只发酵一次，但是有二次发酵的面点，组织松软，口感会更好哦！
2. 发酵的温度一般在25℃~40℃之间，但不一定要精准地做到，因此于夏天发酵可以比冬天发酵的时间略短。

小贴士 ：小米+南瓜
小米有抑制血管收缩，降压功效；
而南瓜所含膳食纤维可吸附人体内的钠，降低体内钠含量。
两者完美搭配，可共同辅助降低血压。

小米南瓜饼

多嚼慢咽，品出好味道

小米南瓜饼其实是软糯的，但每一口咬下，都要多嚼几下才能品出南瓜的清甜与小米的米香。

材料
主：小米面150g、糯米粉250g、南瓜150g、水170ml
辅：白糖、食用油适量

做法
1. 准备好小米面、糯米粉、南瓜；
2. 把南瓜削皮去籽切成块备用；
3. 蒸锅烧开水上汽后，放入南瓜块，蒸20分钟，装盘备用；
4. 在面盆中倒入糯米粉、小米面，加水和成面团，用毛巾盖住醒15分钟；
5. 将醒好的面团放在面板上用力揉成条状；
6. 用刀切成均匀的小面团（约90g，可根据个人喜好微调），并撒上面粉待用；
7. 用擀面杖把面团擀成圆饼状，把蒸好的南瓜放入面皮中，包好后再擀成圆饼状；
8. 平底锅倒入食用油，烧至七成热，放入擀好的面饼，中火煎至金黄色即可。

菜，原来小米也是一道菜

五味齐全，色香在勺间齐绽。

一种习惯，一种生活。唯自己与小米不可辜负。

老汪@小秘密

在吃不饱饭的年代，偷偷藏了一小块腊肉。

怕老鼠咬，塞在竹筒里面。每次做饭就拿出来在锅底刷一圈，

隐隐的一点点腊肉和肥油的香味……奢侈啊！

材料

主：小米100g、鲜虾200g、豆腐100g
辅：淀粉、蛋清、料酒、盐、白胡椒粉、鸡粉适量

做法

1. 小米洗净，倒入锅中，加水150ml，大火将水烧开后，转小火煮20分钟；
2. 鲜虾去壳去虾线，将处理好的虾仁剁碎成泥；
3. 将豆腐、虾仁泥放入碗中，加入适量的盐、白胡椒粉、鸡粉、料酒调味；
4. 捣碎豆腐，再加入适量的淀粉、蛋清与虾仁泥一起搅拌均匀；
5. 将混合好的豆腐虾仁泥团成丸子，再把煮好的小米塞进丸子中央；
6. 蒸锅烧开水上汽后，放入制作好的丸子；
7. 大火蒸5分钟即可。

【你知道吗？】

虾仁之所以要剁碎而不保持颗粒，是为了更好地黏合豆腐揉成团。当然如果喜欢吃虾仁的颗粒感，可以将大部分虾仁剁成泥，留小部分切成小虾仁丁。

小米豆腐虾仁丸

这是通过婴儿食品得来的灵感，把小米塞进由豆腐和虾仁搅拌形成的丸子里，一口下去口感绵软鲜美，味道营养都有了。

荷香小米鸡

来自糯米鸡的灵感

鸡肉同时吸收了荷叶的清香与小米的谷香，吃起来味道更丰富。鸡肉小米一块咀嚼，才是滋味最好的。

材料 主：小米100g、糯米50g、三黄鸡200g
辅：荷叶2片，香菇、料酒、盐、五香粉、香油适量

做法

1. 荷叶洗净，放入沸水中煮2分钟，取出备用；

2. 糯米洗净，清水浸泡1小时；

3. 小米洗净，倒入锅中，加糯米、水230ml，大火将水烧开后，转小火煮20分钟，把煮熟的米捞出备用；

4. 将泡发的香菇切片，鸡斩成小块，加入盐、五香粉、料酒、香油搅拌均匀，腌制30分钟备用；

5. 将煮熟的小米糯米饭包裹腌制好的三黄鸡、香菇，并用荷叶包好；

6. 蒸锅烧开水上汽后，放入包好的荷香小米鸡，大火蒸30分钟即可。

小米菠菜

斯文吃法不适合这道菜

小米要预先煮一煮，再跟菠菜烩在一起，吃起来要筷子、勺子都上场。

材料　主：小米100g、菠菜250g
　　　　辅：高汤、盐、鸡粉适量

做法　1. 小米洗净，菠菜洗净切小段备用；

2. 锅中加高汤（约300ml），烧至滚沸；

3. 放入小米煮20分钟；

4. 放菠菜段烫煮1分钟左右，加入适量盐、鸡粉即可。

小米虾排

被油炸过的小米可香脆了

炸过之后，裹在虾仁外层的小米酥脆可口，有冒充虾壳的意思。

材料
主：小米100g、鲜虾500g
辅：淀粉、蛋清、料酒、盐、白胡椒粉、鸡粉、食用油适量

做法
1. 小米洗净，清水浸泡1小时；
2. 浸泡后的小米沥干，加入少许盐调味备用；
3. 将鲜虾去头，去壳（留住尾部装饰），去虾线；
4. 将虾仁放入碗中，加入适量的淀粉、盐、白胡椒粉、鸡粉、料酒、蛋清腌制5分钟；
5. 将腌制后的虾仁放入调好的小米中滚动，让其表面均匀地裹上一层小米；
6. 锅中加入食用油，烧至七成热；
7. 把裹好小米的虾仁放入锅中，可以用筷子翻夹，炸至色泽金黄即可。

【你知道吗?】
炸虾时，一定要热锅热油，这样不仅能很快定形，不容易炸煳，而且可以保证虾排外酥里嫩，外部的脆香、内部的多汁！另外，油炸的食物吃的时候记得多配些水果蔬菜，营养会更均衡些哦！

小米蒸牛肉

小米充当调味品

蒸制的食物总比油炸煎炒来得健康。小米浸润了牛肉的油脂和汤汁，牛肉同时吸收了小米的香气，二者搭配起来，味道更加鲜美哦！

材料

主：小米50g、牛肉200g
辅：酱油、料酒、盐、生粉、五香粉、葱花、辣椒丝适量

做法

1. 小米洗净，清水浸泡2小时，浸泡后的小米沥干备用；
2. 牛肉洗净，切片；
3. 牛肉中加入盐、生粉、五香粉、料酒、酱油拌匀，腌制30分钟；
4. 牛肉腌制好后，与沥干的小米拌匀；
5. 蒸锅中水烧开后，将拌匀的小米牛肉放入蒸锅；
6. 中火蒸25分钟后，关火，撒上葱花、辣椒丝即可。

黄桥小米煎鸡扒

"好吃"是最美的形容词

小米的香在煎的过程中完全释放到鸡肉中，使整块鸡肉滑嫩鲜香。
随意拿出任何佐料，蘸着吃都是很好的选择。

材料　主：小米100g、鸡腿2个
　　　　辅：淀粉、蛋清、料酒、盐、胡椒粉、姜丝、食用油适量

做法
1. 小米洗净，清水浸泡1小时；
2. 浸泡后的小米沥干，加入少许盐调味备用；
3. 鸡腿去骨留皮，洗净沥干备用；
4. 取出沥干的鸡扒，用刀背剁松软，用盐、胡椒粉、姜丝、淀粉、蛋清、料酒搅拌均匀后腌制30分钟；
5. 将腌制后的鸡扒放入调好的小米中翻动，让其表面均匀地裹上一层小米；
6. 锅中加入食用油，烧至七成热，转中火；
7. 将裹上小米的鸡扒下锅煎，双面煎至金黄；
8. 取出煎好的鸡扒，用刀切条，装盘即可。

小米丸子

咬开之后的惊喜

不想做个平凡的肉丸子，突发奇想把小米裹在肉丸外面，好吃不上火。

材料　主：小米100g、猪肉350g
辅：淀粉、蛋清、料酒、盐、白胡椒粉、鸡粉、葱花适量

做法
1. 小米洗净，清水浸泡1小时；
2. 浸泡后的小米沥干，加入少许盐调味备用；
3. 猪肉剁成肉泥，加适量盐、淀粉、蛋清、料酒、鸡粉、白胡椒粉一起搅拌；
4. 把搅拌好的猪肉泥团成丸子，放入调好的小米中滚动，让其表面均匀地裹上一层小米；
5. 蒸锅烧开水上汽后，放入制作好的丸子，大火蒸30分钟；
6. 锅中放入少许淀粉、盐、水进行勾芡，将勾芡汁撒上蒸好的丸子，最后撒上葱花即可。

【你知道吗？】

淀粉的糊化，增强了汤汁的浓度，使汤、菜融合在一起，这样不但增加菜肴的滋味，还产生了柔润滑嫩等特殊效果。
如果用高汤代替水勾芡，味道会更加鲜美哦！

小米南瓜盅

连同南瓜一起挖着吃

狭小的空间里不单是小米的天下，南瓜也占据重要的一席。南瓜的清香把小米裹得严实，挖着吃，一口都不想剩下。

材料　主：小米200g、南瓜1个
　　　　辅：盐、红枣、百合、枸杞适量

做法
1. 小米洗净，清水浸泡1小时备用；
2. 红枣、百合、枸杞洗净，清水泡开；
3. 将小米倒入锅中，加水300ml，大火将水烧开后，转小火煮20分钟；
4. 捞出小米沥干，拨散备用；
5. 南瓜切开，去掉瓜瓤（有兴致的话可以给南瓜做个造型哦）；
6. 将小米饭、红枣、百合、枸杞、盐倒入碗中，搅拌拌匀；
7. 将搅拌均匀的食材加入到南瓜盅里；
8. 蒸锅中水烧开后，将小米南瓜盅放入锅中，蒸1小时即可。

培根土豆焖小米

满足感极强的一道菜

土豆是极吸味的食材，连同培根香味一同焖进小米饭里，口感绵软，味道醇厚，回味悠长。吃完后的满足感能持续整整一天！

材料

主：小米100g、土豆2个、培根4片
辅：盐、生抽、鸡粉、葱花、食用油适量

做法

1. 小米洗净，倒入锅中，加水150ml，大火将水烧开后，转小火煮15分钟，备用；

2. 土豆洗净去皮切片，培根切小片备用；

3. 锅中加入食用油，烧至七成热，放入培根煎至微微卷；

4. 放入土豆片、盐、生抽、鸡粉，大火翻炒；

5. 加入小米饭、水（没过材料即可）；

6. 盖上锅盖，焖煮至收汁，再撒上葱花即可。

小米石斑鱼

小米的味道可能比鱼更好吃哦

第一次吃这道菜的人都会被吓到，鱼肚子里面若隐若现，好多鱼子啊！
这道菜将小米预先煮半熟，塞进鱼肚子和鱼一起蒸，小米充分地浸润
了鱼汤的汁水，味道有可能比鱼肉更好吃。

材料　主：小米200g、石斑鱼1条
　　　　辅：食用油、蒸鱼豉油、姜、葱、辣椒适量

做法

1. 小米洗净，倒入锅中，加水300ml（如果用高汤代替水效果会更好），大火将水烧开后，转用小火煮15分钟；

2. 将煮熟的小米捞出装碗备用；

3. 姜、葱、辣椒切丝备用；

4. 石斑鱼去鳞，从鱼喉处取出内脏后洗净鱼身、鱼肚；

5. 在鱼身两边切几道，将小米饭从鱼喉塞入鱼肚；

6. 盘中垫入姜片，放上石斑鱼后入蒸锅，大火蒸12分钟，关火；

7. 取出蒸好后的石斑鱼，倒掉盘中的水，撒上葱丝、辣椒丝；

8. 锅内加入少许食用油和蒸鱼豉油烧热后，浇上石斑鱼即可。

【你知道吗？】

石斑鱼蛋白质含量高，而脂肪含量低，除含人体代谢所必需的氨基酸外，还富含多种无机盐、铁、钙、磷以及各种维生素。鱼皮胶质的营养成分，对增强上皮组织的完整生长和促进胶原细胞的合成有重要作用。所以，石斑鱼被人们誉为营养名贵之鱼、美容护肤之鱼，尤其适合妇女产后食用。

鲜虾饭团

带着双手温度的食物

捏饭团是双手与食物最近距离的接触，把手的温度传递给食物，反而让简单的食物充满诚意与温情。

材料　主：小米100g、大米50g、鲜虾数只
　　　　辅：淀粉、蛋清、盐、鸡粉、胡椒粉、寿司醋、食用油适量

做法
1. 大米、小米洗净，倒入锅中，加水230ml，大火将水烧开后，转小火煮20分钟；
2. 待米饭稍凉后加入寿司醋搅拌均匀备用；
3. 鲜虾洗净，去壳（留虾尾装饰用），去头，去虾线，加入盐、鸡粉、胡椒粉、淀粉、蛋清、适量水拌匀；
4. 锅中加入食用油，将调味后的虾下锅炸至金黄色；
5. 用调好味的小米饭包住炸好的虾，把虾尾露出，捏成饭团即可。饭团的形状，任性地发挥吧！

腊肉焖小米饭

不需要任何佐餐，都可以吃得有滋有味

与其说小米中带有腊肉的香味，倒不如说那是记忆中家的味道。

材料 主：小米300g、腊肉200g
辅：葱花适量

做法 1. 小米洗净，倒入煲锅中；

2. 煲锅中加水450ml，大火将水烧开后，转小火煲15分钟；

3. 腊肉切片，均匀放在小米饭上，继续煲10分钟；

4. 撒上葱花，搅拌均匀即可。

辣椒小米炒鸡蛋

无辣不欢，垂涎欲滴

这是本人至爱之小米菜肴排行榜第一名，原来沾上辣味的小米，味道也是极好的。

材料

主：小米50g、鸡蛋5个

辅：青椒、红椒、葱花、盐、鸡粉、食用油适量

做法

1. 小米洗净，倒入锅中，加水大火烧开后，转小火煮15分钟；

2. 捞出小米沥干，拨散备用；

3. 青椒、红椒切丁，鸡蛋打散备用；

4. 锅中加入食用油，烧至七成热，加入青椒、红椒煸炒一会；

5. 将沥干的小米饭放入锅中快速翻炒，然后将辣椒小米拨至锅边；

6. 锅中加入适量食用油，烧至七成热，倒入鸡蛋液，翻炒至鸡蛋基本成形；

7. 将小米、青椒、红椒、鸡蛋一起快速翻炒，再加入适量盐、鸡粉、葱花翻炒起锅。

【你知道吗？】

打鸡蛋的时候一定要用力均匀，顺一个方向搅打，打至鸡蛋全部呈现白色泡沫状，同时加点盐搅匀，味道更佳。鸡蛋打不好，炒出的鸡蛋发硬，不松软。也可以加少许水（几滴），使鸡蛋变得松软哦！

红枣双米饭

给人惊喜的红枣

这种米饭单独吃起来也好吃，更像是餐桌上的甜点。一不小心吃到红枣，那种特有的香甜像是被炸开了一样，迅速占领口颊。

材料　主：小米100g、大米100g
　　　　辅：红枣若干

做法
1. 将小米、大米、红枣洗净，清水浸泡红枣10分钟；
2. 将小米、大米、红枣倒入煲锅中，加水300ml；
3. 大火将水烧开后，转用小火煲20分钟；
4. 关火，加盖焖5分钟即可。

香肠二米饭

这就是焖的功夫

这道菜在做的时候，香肠和香菇特有的香气一直往外窜，很是诱人，果然焖的功夫不是盖的。

材料　主：小米100g、大米100g
　　　　辅：盐、香肠、胡萝卜、香菇、橄榄油适量

做法　1. 小米、大米、香菇洗净；

2. 将香菇、香肠、胡萝卜切成小丁备用；

3. 把米放入煲锅中，加水300ml大火将水烧开后，转小火煮15分钟；

4. 开盖将香菇、香肠、胡萝卜放入米饭上，淋上适量橄榄油；

5. 加盖，继续小火焖煮5分钟即可。

沙白小米蒸鸡蛋

有一点海的气息

蒸蛋里面有小米的口感、沙白的鲜味。沙白的鲜味都跑到蒸蛋里面。

材料
主：小米20g、鸡蛋2个、沙白若干
辅：盐、鸡粉适量

做法

1. 小米洗净，倒入锅中，加水大火烧开，转小火煮15分钟，小米捞出备用；

2. 鸡蛋打入碗中，加适量水、盐、鸡粉，打散备用；

3. 沙白洗净盐水浸泡10分钟；

4. 将水煮沸，倒入沙白，待沙白开口后，关火取出沙白备用；

5. 将煮过水的沙白、煮熟的小米一起放入调好味的鸡蛋液中搅拌；

6. 蒸锅中水烧开后，把调好的鸡蛋放入锅中，大火蒸3分钟左右，改中火蒸3分钟左右即可。

【你知道吗？】

用盐水浸泡沙白，可以让其吐尽泥沙，才不会有土腥味哦！

鸡蛋炒小米饭

不用勺子不过瘾

若用筷子夹着吃，只能尝点味，还是拿勺子来，美美地吃才有感觉吧。

材料
主：小米200g、鸡蛋4个
辅：盐、鸡粉、葱花、食用油适量

做法
1. 小米洗净，倒入锅中，加水300ml，大火将水烧开后，转小火煮20分钟；
2. 煮好后的小米，拨散，沥干备用；
3. 鸡蛋打入碗中，打散备用；
4. 锅中加入食用油，烧至七成热，将鸡蛋倒入油锅中翻炒一会；
5. 倒入沥干的小米，加入适量盐、鸡粉翻炒；
6. 撒上葱花即可。

红糖大枣米藕

"藕断丝连"是它的实力

甘甜的藕，实实的米，糯米藕大变身。但凡尝过它的味道，你很难再割舍，"藕断丝连"在味道的记忆区总有它的影子。

材料　主：小米100g、藕1节
　　　　辅：大枣若干，红糖、枸杞适量

做法
1. 小米洗净，清水浸泡1小时，沥干；
2. 藕洗净去皮，从藕头切开；
3. 把小米灌进藕孔；
4. 将切开的藕头用牙签插回藕身，固定好；
5. 煲中加水，放入藕、大枣、红糖、枸杞；
6. 水煮沸后，转小火煲煮90分钟，捞出藕，煲中汤汁备用；
7. 待藕稍凉后，切片装盘；
8. 将煲中大枣枸杞汤汁淋在藕片上即可。

小贴士：小米+肉类
小米、肉类都富含不同种类的氨基酸，搭配食用互补效果五颗星，能提高蛋白质的吸收和利用率，口感也恰到好处，不单调，不油腻。

小米蒸排骨

拿来犒劳自己的食物

一段时日的忙碌后，花点心思来个小米蒸排骨慰劳下辛劳的自己，肉软烂，味鲜香。在热腾腾的蒸汽里，把心头的疲惫感一起吃掉。

材料 主：小米150g、肋排500g
辅：盐、鸡粉、胡椒粉、淀粉、姜末、葱适量

做法

1. 小米洗净，清水浸泡2小时，浸泡后的小米沥干备用；

2. 肋排洗净，切段，加姜末、盐、淀粉、鸡粉、胡椒粉搅拌均匀，腌制30分钟；

3. 肋排腌制好后，与沥干的小米拌匀；

4. 将拌匀的小米排骨放入蒸锅，大火煮开后，转小火蒸30分钟；

5. 撒上葱花即可。

小米扒豆腐

小米是可用来解腻的

豆腐在油锅中煎了之后，总会带上那么点油腻，然而淋上高汤煮制的小米，那点油水早就被小米收服。

材料
主：小米100g、豆腐200g
辅：高汤、盐、鸡粉、葱花、辣椒、食用油适量

做法
1. 小米洗净；
2. 豆腐洗净，切成三角形状；
3. 将小米倒入锅中，加高汤300ml，大火将高汤烧开后，转小火煮15分钟，备用；
4. 锅中加入食用油，将豆腐慢慢放入油锅中煎，煎至双面金黄；
5. 把小米高汤汁倒入锅中，再加入适量盐、鸡粉调味，焖煮收汁；
6. 起锅，撒上葱花、辣椒末即可。

小米蟹

带上小米当餐桌明星

蟹是餐桌上的明星，烹饪的时候带上小米，让小米也提升了一个层次。
上桌时沾了蟹香的小米会令人刮目相看。

材料　主：小米100g、蟹2只、咸鸭蛋3个
　　　　辅：盐、料酒、鸡粉、胡椒粉、食用油适量

做法
1. 小米洗净，倒入锅中，加水150ml，大火将水烧开后，转小火煮20分钟，小米捞出备用；

2. 蟹去鳃洗净后切块，加入料酒、盐、鸡粉、胡椒粉腌制15分钟；

3. 咸鸭蛋取蛋黄捣碎备用；

4. 锅中加入食用油，烧至七成热，放入捣碎的鸭蛋黄、煮熟的小米煸炒一会儿，装盘备用；

5. 锅中加入食用油，烧至七成热，将腌制的蟹入油锅中煸炒；

6. 待蟹变红色后，倒入炒好的小米蛋黄，大火翻炒1~2分钟左右即可。

小米蒜蓉虾

少了蒜蓉就像丢了魂

蒜蓉算不上主角，但是没了它整道菜就像丢了魂。加了蒜香，虾和米才有味，这道菜才会有灵魂。

材料　主：小米100g、九节虾500g
　　　　辅：蒜蓉、盐、料酒、鸡粉、胡椒粉、红辣椒、葱花、食用油适量

做法　1. 小米洗净，倒入锅中，加水150ml，大火将水烧开后，转小火煮20分钟；

2. 将鲜虾去头，去壳（留虾尾装饰），去虾线；

3. 在虾的腹部切一刀（不要切断），用刀把虾背轻轻拍扁，加入料酒、盐、鸡粉、胡椒粉腌制；

4. 将煮熟的小米倒入碗中，加入蒜蓉一起搅拌均匀；

5. 红辣椒洗净，切丁备用；

6. 将腌制好后的虾整齐排好，撒上拌了蒜蓉的小米、红辣椒；

7. 蒸锅中水烧开后，将小米蒜蓉虾排放入蒸锅，大火蒸10分钟，撒入葱花，泼上热油即可。

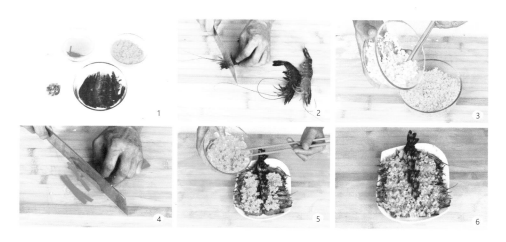

零食，馋嘴的小幸福

嘴馋，是对自己的关怀。打破常规，成就美食。

老汪@小秘密

当知青的时候，村里的"小芳"偷偷在我的米饭下面窝了一个鸡蛋。
吃到的时候，惊喜与羞涩，把碗底捧得高高的，不敢让人发现。
那脸红与心跳，是年轻的感觉……

小米锅巴

土生土长的小吃

锅巴原本是焖饭时紧贴着锅结焦成块状的一层饭粒，
专门的小米锅巴零食，吃起来更酥脆些，越嚼越香。

小米苏打饼

小米粉的另一种做法

时常在包里藏一小袋苏打饼，饿的时候掏出来解馋，添加了小米粉做的苏打饼就更不用多说了。

小米麻酥糖

用来陪时间的

即使不饿，也会拿出来陪伴一段时光。馋嘴的小零食，
忙时充个饥，闲时解个馋。

小米薄饼

脆是它的特点

一旦放到牙齿间，轻咬一下，四分五裂的饼块，立刻有洒落一嘴的香脆。

小米铜锣烧

也有老同志管它叫小米黄，但我更喜欢叫它铜锣烧。

小米脆

酥脆小米，一口一个

一口一个，吃了就停不下来，喜欢抓一大把塞进嘴里。

海苔小米烧

小米被海苔夹着，一口咬下去，不用担心小米会跑掉。

小米通

传统的零食

从小爱吃的零食，原来也有小米的大变身。

小米虾球

总有些时候不想吃甜的

其实是加了虾味的小米通，但味道真的不一样哦。

小米酥

烤，简单的做法，让小米酥和曲奇饼一样的香。

小米使用指南

烹煮小米之前你需要知道的

小米的种类 指南一

世界那么大，来邂逅一场小米之旅吧。小米根据米色，可分为：

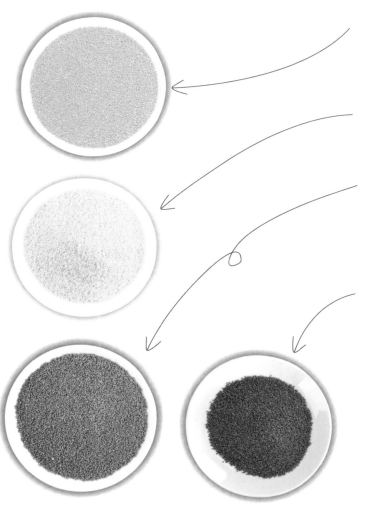

成员一：黄小米
色泽淡黄或金黄色，颗粒大小皆有，米香清馨。

成员二：白小米
精耕细作，色泽洁白、口感软糯，米香浓郁。

成员三：绿小米
自带国宝光环的绿小米，为关东特产，曾是清代上等贡米，色泽美观，品质特佳。

成员四：黑小米
天然的黑小米在淘洗的时候会有轻微掉色，是正常的。但是与染色小米不同，天然黑小米有光泽，色泽黑亮。

小米的选购 指南二

对于美食，食材是否优质决定了其口感和品质。如何挑选优质的小米，来试试如下步骤：

看：观其形色

良 正常优质的小米，大小、颜色均匀，大部分呈黄色或金黄色，米面富有光泽，少有碎米且无虫，无杂质。

差 质量不佳的小米用手易捻成粉状或易碎，碎米较多；而市面上的一些小米无色泽是因为被氧化，另一些小米颜色过于亮黄很可能是添加了化学成分，要警惕。

辨：巧招易识

市面上有一种虽色泽过人，但却有害无益的小米，如何分辨有妙招：

用手拈几粒小米，蘸点水在手心搓一下，如果小米颜色会由黄变灰暗，同时手心残留有黄色，即可说明此小米便是市场上用姜黄粉染过色的，切莫购买。正常优质的小米颜色是天然的，不掉色。

闻：轻嗅其香

良 优质小米闻起来具有淡淡清香味，无其他异味。

差 微有霉变味、酸臭味、腐败味，或其他不正常的气味，很可能已变质。

尝：微品其味

拣几粒小米，放进嘴里咀嚼。

良 如果是优质的小米，会感觉到微甜的口感。

差 如果是有点儿发苦味、涩味等，最好不要食用了。

小米的储存 指南三

喜爱小米的你，是不是买了很多回来呢？别担心！小米是比较容易保存的食物。

小米是比较容易保存的：
选择阴凉、干燥、通风
较好的地方保存，避免
受潮和曝晒就好。

因小米受潮或曝晒而未经及时处理，会容易生虫或者霉变，如出现小米黏结、颜色暗淡和带有霉味的现象，就尽量不要食用。

 密封、冷藏：在温度过高的地方，我们会建议把小米冷藏而不是冷冻。
如果把小米放进冰箱冷藏的话，最好用密封罐或者密封盒一类的器皿，
保证一定的密封性，以免串味或者被污染。

小米的淘洗 指南四

小米的淘洗也是有讲究的。

淘洗过程中如何最好地保护小米中的营养成分

✔ **宜** 浸泡前，先将小米盛入容器中，用流动的自然水冲洗，达到清理细小杂质的目的。
传统做法当中很多时候会把小米浸泡过夜，但过度浸泡容易水解、流失一部分物质。所以不建议浸泡小米的时间过长。如果浸泡时间比较长，可以考虑用浸泡小米的水一起烹煮。

✘ **忌** 小米不宜浸泡太久、不宜用力搓洗、不宜用热水淘。

小米的忌宜 指南五

Q1: 为了让口感更浓稠，小米粥能否添加食用碱?

A1: 不建议加碱。小米粥加碱，会把人们本来可以从粗粮中补充到的维生素给破坏掉。同时，还会损坏小米的膳食营养平衡，而导致食后胃部不适。并且加碱还会让小米粥的钠含量大大上升，对于预防高血压也很不利。如果是因为口感的需要，可以通过购买口感更糯的小米品种来解决。

Q2: 小米能否与杏仁同食?

A2: 不建议与杏仁搭配。少食无大碍，但因杏仁富含果酸，会与小米中的磷等矿物质结合产生人体不易消化的物质，故原本消化不好的人尽量避免两者搭配。

Q3: 口味稍重，能否在小米中添点醋?

A3: 类似上一问题。并无严格限定小米不能与醋同食，但需要注意的是因醋中含有机酸，或多或少会破坏小米中的类胡萝卜素。所以如果能接受无醋的小米食品，均可不加醋；但少食醋也无大碍。

Q4: 小米跟绿豆，确实是好搭配吗?

A4: 是的，绿豆富含赖氨酸，跟小米搭配在一起，更好地提高了氨基酸的均衡性和全面性。

急着把好东西推荐给大家，匆忙之间难免会有疏漏和不足，欢迎指正！
一起健康地吃喝玩乐，体验精彩人生！